Die Thomaskirche zu Leipzig

Ort des Glaubens, des Geistes, der Musik

Herausgegeben von Christian Wolff

EVANGELISCHE VERLAGSANSTALT
Leipzig

Die Deutsche Bibliothek – Bibliographische Informationen
Die Deutsche Bibliothek verzeichnet diese Publikation in der Deutschen
Nationalbibliographie; detaillierte bibliographische Daten sind im Internet
über <http://dnb.ddb.de> abrufbar.

© 2004 by Evangelische Verlagsanstalt GmbH
Printed in Germany · H 6897
Alle Rechte vorbehalten
Gesamtgestaltung: behnelux gestaltung, Halle/Saale
Druck und Binden: Grafisches Centrum Cuno, Calbe

ISBN 3-374-02169-7
www.eva-leipzig.de

Inhalt

1

Hallenlanghaus in Richtung Osten mit der Barockkanzel von Valentin Schwarzenberger, dem Fürstenstuhl auf der Nordempore (links) und dem Bornschen Altar im Chorraum. Aquarell von Hubert Kratz, um 1880.

2

Rekonstruktion des romanischen Baus aus dem 12./13. Jahrhundert.

Bau und Baugeschichte

Von außen betrachtet überragt ein steiles Giebeldach den charaktervollen spätgotischen Hallenbau der Thomaskirche. Der daran anschließende langgestreckte Chorbau an der östlichen Giebelwand erinnert daran, dass die Thomaskirche ursprünglich Stiftskirche der Augustiner Chorherren war. Neugotische Sakristeieinbauten, der an der Nahtstelle zwischen Langhaus und Chor auf der Südseite ansteigende Turm mit seiner Renaissancekuppel und die neugotische Westfassade zeugen von einer bewegten Baugeschichte der Thomaskirche.

1949 wurden die Gebeine des großen Thomaskantors Johann Sebastian Bach aus der im 2. Weltkrieg zerstörten Johanniskirche in die Thomaskirche umgebettet und 1950 im Chorraum an jener Stelle beigesetzt, an der sich die ältesten Bauteile als Zeugnisse der über 800-jährigen Geschichte der Kirche feststellen lassen.

Die Vorgeschichte der heutigen Thomaskirche

In der Mitte des 12. Jahrhunderts hat vermutlich eine dreischiffige Pfeilerbasilika ohne Querhaus mit einem massigen Breitwestturm an der Stelle der heutigen Thomaskirche gestanden. Im Jahr 1212 verfügte der Wettiner Markgraf Dietrich von Meißen die Gründung eines Stiftes der Augustiner Chorherren, deren Patron in der Papsturkunde von 1218 als der Apostel Thomas bezeichnet wird. Die Bürgerschaft von Leipzig soll

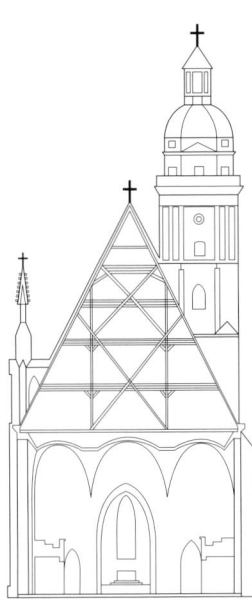

3
Schnittdarstellung der heutigen Thomas-kirche.

4
Ansicht von Nordosten. Aquarell von F. W. Heine, 1880

in ihren Auseinandersetzungen mit dem Markgrafen in eben dieser Zeit das Baumaterial zum Chorneubau in der Umgebung verstreut haben. Ein bei Bauuntersuchungen aufgefundenes Kapitell in der Gesamtform des Kelchblocks ist Zeugnis für einen spätromanischen Chor. Um die Mitte des 13. Jahrhunderts entstand ein mächtiger Turm über dem Ostende des südlichen Seitenschiffes. Anschließend wurde das Langhaus der Kirche erhöht. Die Altarweihen des 14. Jahrhunderts lassen vermuten, dass zu dieser Zeit die baulichen Veränderungen des Langhauses zum Abschluss kamen. Nördlich des Chores ist im Verband der Ostflügel des Klosters eine im Mittelalter entstandene Sakristei vorstellbar.

Die Hallenkirche St. Thomas

In den Jahren 1482–1496, mitten im blühenden Wirtschaftsleben der Handels- und Messestadt Leipzig, entsteht eine weiträumige Hallenkirche als ein hervorragendes Beispiel obersächsischer Spätgotik. Die wohlproportionierte Raumgestalt ist mit ihrer großartigen Akustik bis heute erhalten. 25 Meter lichte Breite, 39 Meter durchschnittliche Länge und 14 Meter Sandsteinpfeilerhöhe sorgen dafür, dass diese Halle ihren Vorgängerbau in den Ausmaßen übertrifft. Die Südseite mit dem Kirchhof ist als die Schauseite mit Weißenfelser Sandsteinquadern aufgeführt. Das Innere ist geprägt durch ein beeindruckendes Netzgewölbe, dessen Rippen aus Rochlitzer Porphyrtuff gebildet

sind. Die Gewölbekappen sind aus Ziegeln aufgemauert. Mit raffinierten Mitteln haben die spätgotischen Gewölbetechniker die verschiedenen Schiffsbreiten in der Kirche durch unterschiedliche Geschwindigkeitsabläufe der Rippenfiguren einander angeglichen. Das farbige Rippensystem bringt in seinem Kontrast zum getünchten Putz die dynamischen Kräftebahnen der Hallenkirche plastisch zum Ausdruck. Den Neubau der Thomaskirche leiteten die Baumeister Klaus Roder bis 1489 und bis zum Abschluss 1496 Konrad Pflüger. Am ersten Sonntag nach Ostern des Jahres 1496 empfing die Thomaskirche durch den Merseburger Bischof Tilo von Trotha ihre Weihe.

Im Jahre 1537 ordnete Leipzigs Bürgermeister Ludwig Fachs einen Turmneubau an. Es entstand ein achtseitiger Turmaufbau mit welscher Haube, Laterne und Windstern. Zwei Jahre nach Einführung der Reformation in Leipzig wurde 1541 das Kloster – an der Nordseite der Kirche gelegen – abgerissen. Im Jahre 1570 ließ der baukundige Leipziger Bürgermeister Hieronymus Lotter in den Seitenschiffen des Innenraumes die Renaissanceemporen anlegen. Vor dem Turm ließ er ein neues Renaissanceportal errichten, das allerdings beim Umbau im 19. Jahrhundert einem neugotischen Portal weichen musste.

Durch die Belagerung Leipzigs im Dreißigjährigen Krieg erlitt die Thomaskirche schwere Schäden, die noch

inmitten der Notzeit behoben wurden. Im 18. Jahrhundert wurde die Kirche in barocker Weise durch das Einrichten fester Gestühle für Titelträger und Aristokraten der Stadt im Innenraum umgebaut. Die gesamte Nordseite erhielt einen Anbau mit schlichter Barockfassade, damit Stände und Herren zu ihren gesonderten Plätzen in der Kirche gelangen konnten.

Die neugotische Umgestaltung im 19. Jahrhundert

Im 19. Jahrhundert verursachten die napoleonischen Truppen durch Einrichtung eines Militärmagazins im Inneren der Kirche schwere Schäden. 1813 wurde die Thomaskirche zum Militärlazarett erklärt. Als Gebhard Lebrecht von Blücher, der als Oberbefehlshaber der preußischen Streitkräfte in der Völkerschlacht bei Leipzig entscheidend zum Sieg über Napoleon beitrug, die Stadt beschoss, schlug auch eine der großen Kanonenkugeln in das Dach der Kirche ein. Zum Andenken an diese schwere Zeit ist sie auf der ersten Ebene des Turms noch heute zu sehen.

Zwischen 1884 und 1889 wurde die Thomaskirche innen und außen neugotisch umgestaltet. Dabei wurden an der Nordseite die barocken Anbauten abgerissen. Die Backsteinmauer dieser Seite, Chor und Turmunterteil erhielten eine Sandsteinverkleidung. Im Inneren wurde die gesamte barocke Ausstattung entfernt. Aus der Bach-Zeit ist nur das Löbelt-Kreuz (heute gegenüber der Kanzel) aus

8

6

*Thomaskirche und Alte Thomasschule von
Nordwesten um 1880. Links von der Thomasschule ist das alte Wirtschaftsgebäude
mit dem schmucklosen Westgiebel zu sehen.*

6
Neogotisierte Thomaskirche um 1885.

dem barocken Hochaltar erhalten. Die
Westseite erhielt nach Entwürfen von
Constantin Lipsius eine hochgotische
Prunkfassade. Gestühl, Kanzel und
Sauer-Orgel stammen ebenso aus der
Zeit der neugotischen Renovierung
wie die Buntverglasung im Chorraum
und auf der Südseite.

Die Renovierungen im
20. Jahrhundert

Im 20. Jahrhundert hat man sich
immer wieder Gedanken gemacht,
wie nach denkmalpflegerischen und
kulturgeschichtlichen Gesichtspunk-
ten an eine Renovierung der Kirche
heranzugehen sei. Beim Luftangriff
am 4. Dezember 1943 wurde die
Turmhaube durch eine Zeitzünder-
bombe abgerissen. Das entstandene

Feuer konnte durch beherzten Einsatz
gelöscht werden. 1950 wurde die
Haube wieder aufgesetzt. Ab 1961 begann man mit umfangreichen Unter-
suchungen zur denkmalpflegerischen
Wiederherstellung des Innenraumes.
Dabei wurde festgestellt, dass die in
Weißenfelser Sandstein aufgeführ-
ten Säulen genau wie die Wände
und Gewölbekappen ursprünglich
weiß gekalkt waren. Das aus Porphyr
bestehende Rippennetz hingegen war
rot gefärbt. Aus den Schlusssteinen
wuchs ein Rankenwerk, die Himmels-
wiese – das Paradies – darstellend.
Weiß, rot und das Grau der Emporen,
das deren raumbeengende Wirkung
mildern sollte, bestimmten nach der
Innenrenovierung 1964 den Innenraum der Kirche. Die Langhausfenster

Blick in das Hallenlanghaus nach Westen mit der Sauerorgel nach der Renovierung 2000.

Schwarze Rippenkreuzungen im Gewölbe des Langhauses

an der Nord- und Westseite wurden seit 1967 mit Butzen verglast. Aus dem Chor wurde das überdimensionale Gestühl des 19. Jahrhunderts entfernt, die ebenfalls im 19. Jahrhundert hergestellten Chorfenster jedoch wurden beibehalten. Beim Chor selbst entschied man sich für die farbliche Wiederherstellung entsprechend der Gestaltung des 14. Jahrhunderts, wobei die Teilrekonstruktion um das romanische Fenster lediglich demonstrativen Wert besitzt. 1967 wurde auf der Nordempore die Schuke-Orgel gebaut.

Die vollständige Restaurierung und Instandsetzung

Nachdem bereits vor der friedlichen Revolution 1989 und der folgenden Vereinigung der beiden deutschen Staaten mit der Außenrestaurierung am Chorraum der Thomaskirche begonnen wurde, konnten 1995 nach vierjähriger Bauzeit die Arbeiten am Turm und am Ostgiebel abgeschlossen werden. Über drei Millionen Euro kostete die Instandsetzung von Turm, genanntem Giebel und die Erneuerung der 1926 errichteten Heizung. Ab 1997 konnte dann das Vorhaben, die Thomaskirche nach über 100 Jahren vollständig zu restaurieren und instand zu setzen, fortgesetzt werden. Die Arbeiten wurden zum 250. Todestag von Johann Sebastian

11

Die Westfassade der Thomaskirche mit dem Haupteingang bei Nacht

Ost-West Schnitt durch die Thomaskirche. Auffällig das Dach der Hallenkirche: Mit einem ungewöhnlich steilen Neigungswinkel von 63 % und einer Firsthöhe von 45 m ist es eines der steilsten Giebeldächer Deutschlands.

Bach am 28. Juli 2000 weitgehend abgeschlossen. Damit verbunden war der Bau der neuen Bach-Orgel auf der Nordempore und der Einbau des 1889 antisemitischen Einsprüchen zum Opfer gefallenen Mendelssohn-Fensters auf der Südseite sowie des Thomas-Fensters im Chorraum. Öffentliche Fördermittel der Europäischen Union, des Bundes, des Freistaates Sachsen und der Stadt Leipzig sowie das Engagement des Vereins „Thomaskirche – Bach 2000", der in drei Jahren fünf Millionen Euro privater Spendengelder akquirierte, ermöglichten das ehrgeizige Vorhaben. 2003 wurde im Nachfolgegebäude der alten Thomasschule, der Superintenden-

tur, die 1904 gebaut wurde, der neue „Thomasshop", eingerichtet – versehen mit einem Eingangsbereich in einer Ganzglaskonstruktion. Diese Baumaßnahme führte dazu, dass nunmehr die gesamte Südseite der Thomaskirche einschließlich des neugotischen Polygonalchores sichtbar ist.
Die Länge der Thomaskirche beträgt 76 m, die des Schiffes 50 m, dessen Breite 25 m und dessen Höhe 18 m. Das Dach hat einen ungewöhnlich steilen Neigungswinkel von 63° und der Dachstuhl eine Höhe von 27 m. Im Inneren verfügt er über sieben Ebenen. Der Turm ist 68 m hoch. Dort ist noch heute die bis 1917 genutzte Türmerwohnung zu sehen.

11

Blick in den Chorraum vom Aufgang zur Kanzel aus mit den Superintendenten-Bildern, Bach-Grab, Taufstein und Pauliner-altar.

12

Ritzzeichnungen im Glockenmantel der Gloriosa (1477). Die an der Süd-, West- und Ostseite der Glocke angebrachten Zeichnungen sind hier zusammengerückt und ergeben eine eindrucksvolle Einheit.

12

Kunstgegenstände

Der große Reichtum an kunstvollen Schätzen der Thomaskirche – nur zu einem überschaubaren Teil bis heute erhalten – gibt eindrucksvoll Zeugnis vom Glauben an Jesus Christus, wie er in unterschiedlichen Zeiten verstanden und gelebt wurde.

Aus frühester Zeit haben sich zwei Zeugnisse erhalten: ein romanischer Leuchter aus der Zeit um 1200, der 1963 zufällig in einem Pfostenloch des Chorbaues auftauchte, sowie die durch Umwelteinflüsse original leider nicht mehr sichtbaren aber in einem Abguss noch aufbewahrten Ritzzeichnungen auf der ältesten und zugleich größten Glocke, der Gloriosa von 1477. Der Leipziger Maler Nikolaus Eisenberg „hat disse bilde gerissen", eine Kreuzigungs- und Auferste-

hungsdarstellung: Jesus am Kreuz mit Maria und Johannes, rechts Maria Magdalena, links Thomas, dem Auferstandenen begegnend.

Seit 2001 hängt am Triumphbogen über dem Altarraum ein spätgotisches Kruzifix (Echthaar-Christus) aus der Pfarrkirche Ramsdorf.

Die Altäre

Der erste nachweisbare Altar war der spätgotische Passionsaltar, der sich einst im Chorraum befand. Er ist durch großzügige Schenkung an die heutige Lutherkirche in Plauen im Jahr 1722 einer späteren Marginalisierung entgangen. Dort befindet er sich heute noch. 1587 fügte Valentin Silbermann (um 1560 – nach 1617) einem Renaissanceaufbau den

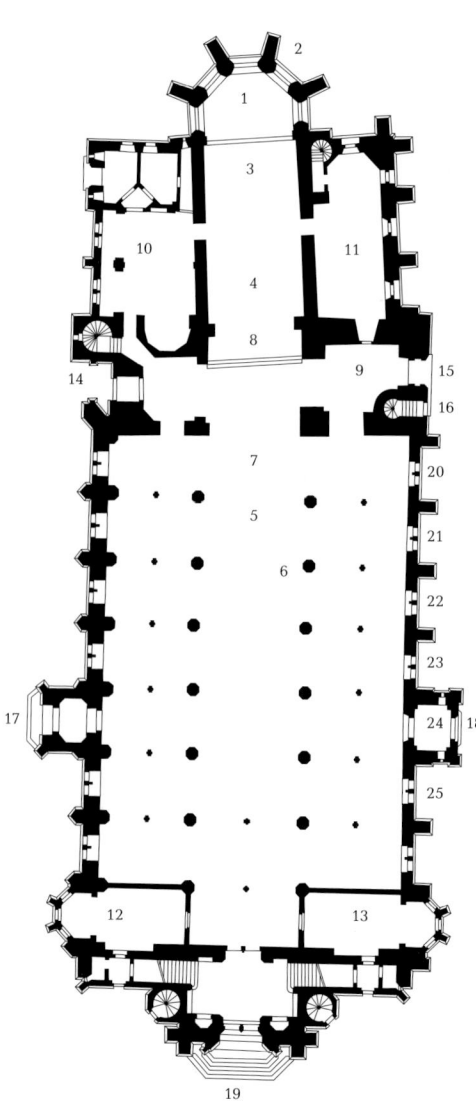

13
Grundriss der Thomaskirche

14
Der Bornsche Altar von 1721. Das Löbeltsche Kruzifix des Bornschen Altars befindet sich heute im Mittelschiff am Pfeiler gegenüber der Kanzel.

15
Der Neogotische Altar (Ansicht um 1930), der heute in der Südsakristei zu sehen ist.

1. Paulineraltar
2. Thomas-Fenster
3. Taufstein
4. Bach-Grab
5. Sonne im Netzgewölbe
6. Kanzel
7. Spätgotisches Kruzifix
8. Vierung
9. Vierung unter dem Turm
10. Nordsakristei
11. Südsakristei
12. Großmann-Sakristei
13. Selnecker-Sakristei
14. Gute-Hirten-Tür
15. Burgstraßentür
16. Aufgang am Turm
17. Apostelportal
18. Bach-Tür
19. Westportal
20. Gedenkfenster für die Gefallenen des 1. Weltkrieges
21. Gustav-Adolf-Fenster
22. Bach-Fenster
23. Luther-Fenster
24. Mendelssohn-Fenster
25. Kaiser-Fenster

Der von Marmor neu erbaute Altar in St. Thomae Kirch in Leipzig.

spätgotischen Altarschrein mit der Beweinung Christi (Erfurter Meister, um 1500) ein. 1722 entstand an selber Stelle der Bornsche Altar (nach einer Stiftung des Leipziger Bürgermeisters Jakob Born, † 1709), ein als barocker Portikus gearbeitetes Marmorbauwerk Dresdner Künstler. Anlässlich der neugotischen Renovierung der Kirche 1887 wurde er abgetragen, da er den „Charakter eines katholischen trage", und in St. Johannis wieder aufgestellt. Dort ging er im Bombardement des Krieges unter. Das Zentrum des Altars bildete ein geschnitztes Kruzifix von Caspar Friedrich Löbelt (1687–1763), das sich heute am zweiten nordwestlichen Pfeiler des Schiffes gegenüber der Kanzel befindet (siehe Abb. 7). An diesem Altar empfing Bach mit seiner Familie

27 Jahre lang das heilige Abendmahl. Erhalten ist auch die schwarz-marmorne Stifterplatte, heute an der Innenseite der Westwand zu sehen. Den 1887 entstandenen neugotischen Altar entwarf der Dresdner Architekt Constantin Lipsius (1832–1894), auf dessen Planungen die Neogotisierung der Kirche überhaupt zurückgeht. Das geistliche Bildprogramm mit der Darstellung des Abendmahls und Szenen aus dem Leben Jesu entwickelte der damalige Superintendent Oskar Pank. Doch auch diesem Altar war keine lange Gebrauchsdauer beschieden. Die zwischen 1961 und 1964 betriebene Wiederherstellung des spätgotischen Innenraumes verwies ihn in die Südsakristei, wo er noch heute zu sehen ist. Man begnügte sich in der Folgezeit mit dem

Löbeltschen Kruzifix auf dem sonst
schmucklosen Altartisch. Seit Herbst
1984 fand der Paulineraltar (**1**) der
Leipziger Universitätskirche, die am
30. Mai 1968 durch einen politischen
Willkürakt gesprengt wurde, nach
und nach Aufstellung (Dauerleih-
gabe der Universität Leipzig). Zu
Pfingsten 1993 wurde er eingeweiht.
In einem Schrein von 1912 vereinigt
dieser Wandelaltar neben der Statue
des Apostels Paulus und der in der
Predella befindlichen Darstellung
der Bekehrung des Paulus auf der
Feiertagsseite acht Reliefschnitzerei-
en eines Jesus-Maria-Zyklus, die im
Verhältnis zu ihrer Entstehungszeit
(Ende des 15. Jh., fränkisch-thüringi-
scher Herkunft, Meister unbekannt)
erstaunlich bibelnah erscheinen,
sowie auf der Passionsseite acht

Gemälde zu Leiden und Kreuz Christi.
Im geschlossenen Zustand bieten sich
dem Betrachter zwei große Gemälde
mit Paulusthemen dar: Paulus lehrend,
Martyrium des Paulus. Die geistige
Haltung dieses Bildprogrammes ist
vor dem Hintergrund des Selbstver-
ständnisses des Dominikanerordens
(Leipziger Kloster bereits 1229) und
dessen frühzeitiger Beauftragung mit
der kirchlichen Lehraufsicht durch
den Papst zu sehen. Symbolkräftig dafür ist die Statue des Apostels Paulus
mit Buch und Schwert, die seine und
des Ordens Funktionen assoziieren
lassen: das Buch für die lehrende
Funktion, das Schwert als Erinnerung
an die Hinrichtung des Paulus und
für die richtende Funktion des Wortes
Gottes in Verkündigung und Lehraufsicht der Dominikaner.

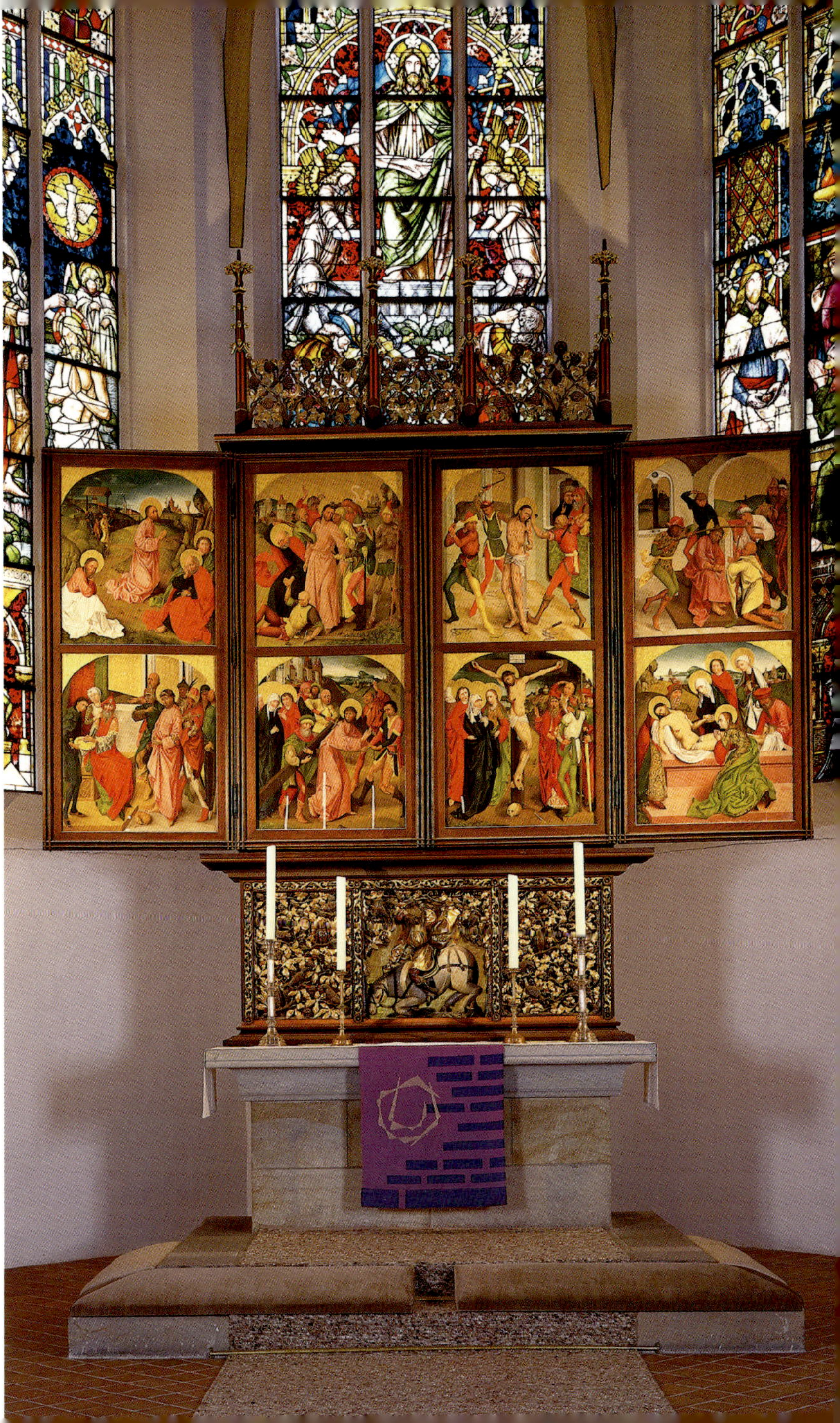

18
Pauluneraltar, Feiertagsseite.

19
Die 1740 aufgestellte Barockkanzel.

Die Kanzeln

Im überschaubaren Zeitraum sah die Thomaskirche drei Kanzeln: Die Renaissancekanzel von 1574 zeigte am Kanzelkorb aufwendige Reliefschnitzereien der Evangelisten, des Apostels Thomas, Mariens sowie der Geburt und der Auferstehung Christi. Von 1740 an erfuhr die Thomaskirche umfängliche Renovierungen. Dabei nahm man die Barockkanzel des Permoserschülers Valentin Schwarzenberger (1693–1754) in Gebrauch, der zwei Jahre zuvor eine solche für die Universitätskirche geschaffen hatte. Sie kam an die Stelle der Vorgängerkanzel, den vierten südwestlichen Pfeiler, ornamental geschmückt; der Kanzeldeckel war mit dem strahlenumkränzten Auge Gottes bekrönt. Erhalten sind ihre schmiedeeiserne Zugangstür von Johann George Rothmann und die nicht mehr genutzten textilen Behänge der Kanzelsäulen in allen liturgischen Farben. Die Kanzel selbst, die von Abbildungen bekannt ist, soll nach ihrem Abbruch um 1885 in einer Gruft unter der Orgelempore eingemauert worden sein. Auf die neugotische Kalksteinkanzel von 1885 (**6**; Entwurf von Rassau aus Dresden) führt eine schwarze, ehemals weiße Marmortreppe mit Messinggeländer empor. Die Wandung trägt die Symbole der Evangelisten, der hölzerne Schalldeckel reichte mit einem sakramentshausähnlichen Aufbau bis fast zum Ansatz des Gewölbes. Der 1961 abgetragene Aufbau wurde im Zuge der Restaurierung 2000 wieder behutsam aufgebaut.

21

<u>20</u>
Die neogotische Kanzel.

<u>21</u>
*Taufstein von 1614 (links) mit dem um 1945
verloren gegangenen kunstvollen Deckel
(rechts).*

Der Taufstein

Der beeindruckende Taufstein (3) aus
dem Jahr 1614 steht mitten im Chorraum. Er zeigt den letzten Rest einer
ehemals geschlossenen architektoni-
schen und theologischen Komposition
von Taufstein, Deckel und Gitter. Als
solcher befand er sich bis 1808 vor der
Mittelsäule der Chorempore. Deckel
und Taufstein setzten die lutherische Tauftheologie ins Bild, wie sie
wohl Superintendent Georg Weinrich (1554–1617) eigens entworfen
hatte. Die an der Außenwandung
in Bibelworten und Alabasterreliefs
dargestellten vier Aspekte weisen auf
Taufe als Glaube (Philippus tauft den
Kämmerer, dazu Mk 16,16), als Bewahrung (Sintflut, dazu 1Petr 3,20 f.),
als Wiedergeburt (Petri Fischzug,
dazu Joh 3,5) und als Rettung (Israels
Durchzug durch das Rote Meer, dazu
Hebr 11,29) hin. Der Deckel vervoll-
ständigte diese Aussagen durch Darstellungen der Kindersegnung Jesu,
der Taufe Jesu und des Taufbefehls,
untersetzt am unteren Rand durch
acht biblische Textstellen.

22
Von links nach rechts:
Thomas-Fenster (2000).
Gustav-Adolf-Fenster (1883).

nachfolgende Doppelseite

23
Von links nach rechts:
Bach-Fenster (1885),
Luther-Fenster (1889),
Mendelssohn-Fenster (1997),
Kaiser Wilhelm I-Fenster (1889).

Die Fenster

Nach 1884 sah man eine vollständige Farbverglasung der Kirche vor. Doch dazu kam es aus Kostengründen nicht. Die Glasmalereien der Chorraumfenster von 1889 zeigen Szenen aus der Geschichte Jesu in ihrer Beziehung zu den hohen Festen; sie sind Stiftungen des Rates der Stadt. Für das im Krieg zerstörte Himmelfahrtsfenster (erstes Fenster der Südseite) konnte durch eine Stiftung von Horst Springer (Dortmund) im Jahr 2000 ein Thomasfenster (**2**) eingebaut werden, der Entwurf und die Glasmalerei stammen von Hans Gottfried von Stockhausen (*1920). Seit dem Verschwinden der Renaissancekanzel im Jahr 1740 hat die Kirche damit erstmalig wieder einen sichtbaren Hinweis auf ihren Namenspatron.

Auf der Südseite des Langhauses erhielten die Bogen der Fenster unter den Emporen Darstellungen von Wappen prominenter Leipziger Familien, sodann entstanden hohe Fenster als Personalgedächtnisse: für Martin Luther (**22**), flankiert von Friedrich dem Weisen und Philipp Melanchthon (Adolf Stokinger, Leipzig), und für Kaiser Wilhelm I. (**24**; Carl von Bouché, München). Diese wie auch die noch folgenden für Gustav Adolf von Schweden (**20**) 1893 (von Bouché) und für Johann Sebastian Bach 1895 (**21**; Künstler unbekannt, eventuell von Bouché) sind Einzelstiftungen. Serie und Reihung der vier vorhandenen Gedächtnisfenster lassen die Planung einer Fünf-Fenster-Komposition erkennen, die das offen gehaltene Fenster für Felix Mendelssohn Bartholdy (**23**)

24

vorsieht. Aufgrund antisemitischer Einsprüche kam es Ende des 19. Jahrhunderts nicht zur Verwirklichung dieses Vorhabens. Anlässlich des 150. Todestages von Mendelssohn Bartholdy am 4. November 1997 konnte dank einer Stiftung der beiden aus Leipzig stammenden Brüder Wolfgang und Klaus Jentzsch ein Gedächtnisfenster für den Komponisten (Entwurf und Glasmalerei Hans Gottfried von Stockhausen) in diesen Zusammenhang aufgenommen werden. Mit dieser Fünf-Fenster-Gliederung soll die Wirkung Luthers auf Kirche, Künste (wofür symbolisch Melanchthon steht) und Öffentlichkeit (wofür Friedrich der Weise steht) vor Augen geführt werden. Das eine erfährt seine Ausdeutung durch die Fenster für Bach und Mendelssohn, das andere durch

die Fenster für Gustav Adolf und Kaiser Wilhelm I. Ein eigenständiges Gewicht hat das Gedächtnisfenster für die Gefallenen des Ersten Weltkrieges (**19**; Reinhold Vetter, München), das man 1929 in die östlichste Öffnung der Südseite brachte.

Die Apostelfiguren

In der Vorhalle des Westportals sind die sechs, stark beschädigten Original-Figuren aufgestellt, die seit der neugotischen Umgestaltung der Thomaskirche (1884–1889) das Apostelportal an der Nordseite der Thomaskirche einrahmten und dort im Jahr 2000 durch Abgüsse ersetzt wurden. Die Figuren wurden von Arthur Trebst geschaffen. Die östliche Gruppe zeigt die Darstellung Jesu im Tempel (Lukas 2): links die Prophetin Hanna, in der

24

Das Apostelportal an der Nordseite der Thomaskirche.

25

D. Salomon Deyling, Superintendent während der Wirkungszeit Bachs in Leipzig (1721–1755). Das Gemälde stammt vermutlich von Elias Hausmann.

Mitte Maria, rechts Simeon mit dem Jesuskind. Die westliche Gruppe zeigt die Heilung des Gelähmten an der Tempeltür (Apostelgeschichte 3): links der Apostel Petrus, in der Mitte der Gelähmte, rechts der Apostel Johannes.

Die Superintendentenbilder

Aus dem Zyklus der Superintendentenbilder werden im Abschnitt zu den Persönlichkeiten im Umkreis der Thomaskirche einige Namen zu nennen sein. Dieser Zyklus wurde mit den Bildern der ersten fünf Superintendenten (Pfeffinger, Salmuth, Selnecker, Harder, Weinrich) 1614 von Johann von der Perre (✝ 1621) begonnen und 1618 von ihm mit dem nächsten Bild (Schmuck) fortgesetzt; weitere beteiligte Maler sind Hans Richter (um 1630: Leyser), Caspar Albrecht (Höpp-

ner, Chr. Lange), Christoph Spetner (um 1617–1699: Hülsemann, S. Lange, Geyer), Johann Samuel Weinigel (um 1740: Reinhard, Lehmann, Ittig, Dornfeld); unbekannt sind die Maler der Bilder von Deyling bis Lechler; fest steht dann wieder der Maler Emil Fröhlich für die Bilder von Pank, Cordes und Hilbert. Die Dargestellten residierten zum größeren Teil an der Thomaskirche. Mit Lechlers Amtsantritt 1858 war die Ephorie in einen Stadt- und einen Landkirchenkreis aufgeteilt worden. Er war zugleich der letzte Superintendent, der mit diesem Amt das eines Professors an der Theologischen Fakultät verband. Neu hinzugekommen sind seit 2000 die Bilder der Superintendenten Herbert Stiehl (Klaus Zürner) und Johannes Richter (Albrecht Gehse).

*Das Bachdenkmal von Carl Seffner vor
der Südseite der Thomaskirche. Es wurde
1908 eingeweiht und steht an der Stelle
des Leibniz-Denkmals, das heute vor dem
ehemaligen Hochhaus der Universität
aufgestellt ist.*

Persönlichkeiten im Umkreis der Thomaskirche

Im Laufe der Geschichte sind bedeutende Persönlichkeiten mit der Thomaskirche in Berührung gekommen. Dabei handelt es sich nicht nur um solche, die in einem Dienstverhältnis standen. Nicht selten haben Personen auch über den kirchlichen Raum hinaus nach außen gewirkt und dadurch bedeutsame Impulse gegeben, die für die Öffentlichkeit wesentliche Entwicklungen brachten.

Noch zu Lebzeiten des Gründers des Thomasklosters, des Meißner Markgrafen Dietrich, genannt der Bedrängte (✝ 1221), kaufte sich im Jahr 1217 der Minnesänger **Heinrich von Morungen** (um 1150–1222) mit einem Kapital in das Augustiner-Chorherrenstift St. Thomas ein. Er finanzierte das aus einer Altersversorgung, die

ihm der Markgraf aus Zinseinnahmen der Leipziger Münze verschafft hatte. Er war nicht nur Minnesänger im Dienst dieses Markgrafen, sondern auch unter Kaiser Friedrich Barbarossa. Das Bild von ihm, das die „Manessische Liederhandschrift" enthält, erzählt zugleich von einem Traum, in welchem er seine Geliebte in ihrer Schönheit und Tugend sieht. An Heinrich erinnert eine Gedenktafel an der Gartenmauer im Bereich des Westportals der Thomaskirche.

Schon früh sympathisierten Leipziger Bürger und Studenten mit den reformatorischen Bestrebungen des Wittenberger Augustiner-Eremiten und Professors **Martin Luther** (1483–1546). Einer seiner Besuche in Leipzig galt der Leipziger Dispu-

tation im Juni 1519, wo er sich im
Gefolge des Wittenberger Professors
Andreas Bodenstein von Karlstadt
befand. Herzog Georg der Bärtige
(1471–1539) – mit der Thomaskirche
bereits durch seine Hochzeit mit Barbara von Polen im Jahr 1496 verbunden –, später Luthers heftiger Gegner,
hatte zu dieser Disputation in die
Pleißenburg eingeladen. Er war von
Luthers Reformvorstellungen und seiner Schlagfertigkeit theologisch und
politisch außerordentlich beeindruckt,
als dieser schließlich zum Zuge gekommen war und mit dem Ingolstädter Professor Johann Eck die geisti-
gen Waffen kreuzte. Zur Eröffnung
und zum Abschluss der Disputation
erklangen in Messgottesdiensten der
Thomaskirche und der Pleißenburg

großartige Musikwerke: eine zwölf-
stimmige Messe, ein „Te Deum lau-
damus" und ein „Veni sancte spiritus"
des damaligen Thomaskantors Georg
Rhau (1488–1548). Dieser, wie auch
sein Kollege, der Thomasschulrektor
Johann Gramann (1487–1541), genannt Poliander, der als Stenograph
der Leipziger Disputation von „dem
Fechtmeister Eck zu dem Gewissens-
streiter Luther" wechselte, verließen,
wie es heißt, ihre Leipziger Funktionen und wechselten nach Wittenberg.
Rhau eröffnete dort eine Druckerei,
die er ganz in den Dienst der lutherischen Reformation stellte, Gramann
studierte noch einmal Theologie und
wurde später von Luther nach Königs-
berg geschickt, wo er zum Reformator
Ostpreußens wurde. Von ihm stammt

27
Grabmal Georg († 1524) und Apollonia von Wiedebach († 1526).

28
Gedenkplatte für Heinrich von Morungen an der Gartenmauer der Superintendentur.

das Lied „Nun lob mein Seel den Herren", eine kongeniale Nachdichtung des 103. Psalms. Der dritte im Bunde der Thomasschullehrer, Caspar Borner (um 1492–1547), wurde 1543 zum ersten Rektor der Universität nach der Einführung der Reformation in Leipzig gewählt. Neben diesen gelehrten Männern war auch bei einer Leipzigerin das Interesse an der Reformation erwacht: Apollonia von Wiedebach († 1526), Witwe des Leipziger Rentmeisters und Amtmannes Georg von Wiedebach und Gläubigerin des Herzogs Georg, stiftete über 2000 Gulden zu Gunsten einer Predigerstelle, deren Inhaber unabhängig vom Thomaspropst zur verstärkten Verkündigung des Bibelwortes verpflichtet war. Auf

den Grabplatten der Wiedebachs im Südschiff der Thomaskirche ist dieser Unterschied durch den Rosenkranz in den Händen des Ehemannes und durch das Buch in den Händen der Frau frühzeitig deutlich gemacht. Doch dem großen Interesse an Martin Luther und seiner Reformation folgten im albertinischen Sachsen sehr bald Sanktionen und Strafen durch Herzog Georg. Auch in Leipzig mussten Christen Repressalien ertragen, wenn sie sich der neuen Lehre zuwandten. Wir wissen von mehreren Interventionen Luthers für die Evangelischen in Leipzig, die jedoch nicht verhindern konnten, dass 1533 etwa 70 bis 80 Bürger zusammen mit ihren Familien – insgesamt 400 bis 500 Personen – aus der Stadt ausgewiesen wurden.

33

Nach dem Tod Georgs von Sachsen, konnte unter Herzog Heinrich dem Frommen die Reformation im albertinischen Sachsen eingeführt werden. Das geschah mit einer Predigt Martin Luthers in der Thomaskirche zum Pfingstfest 1539.

Seit 1576 wirkte als Superintendent **Nikolaus Selnecker** (1532–1592) an der Thomaskirche. Zu seinem Lebenswerk gehörte das große Werk der Einigung unter den Kirchen, die aus der Wittenberger Reformation hervorgegangen waren. Zu diesem Zweck war er an der Fertigstellung und Redaktion der Konkordienformel von 1577, einer der lutherischen Bekenntnisschriften, unmittelbar beteiligt. Selnecker war es auch, der die Sammlung der Unterschriften

zu dieser Bekenntnisschrift in den evangelischen Ländern zur eigenen Sache machte. Zu seinen Aufgaben gehörte auch die Aufsicht über den Chor der Thomasschule und über die Kirchenmusik. Er nutzte die Herausgabe seiner „Christlichen Psalmen, Lieder und Gesänge" von 1587, um die neue Kirchenpolitik Christians I. und seines Kanzlers Nikolaus Krell, die wenig später als kryptokalvinistisch entlarvt wurde, zu kritisieren. Darin liegt ein wesentlicher Grund, weshalb er mehrfach von seinem Amt vertrieben wurde. Erst 1592 kehrte er schwer krank zurück und starb wenige Tage danach. Von seinen Liedern wird heute noch gesungen „Lass mich dein sein und bleiben, du treuer Gott und Herr".

34

Gedenkplatte zur Erinnerung der Predigt Martin Luthers, zu sehen im Mittelschiff, an der Säule neben der Kanzel.

Grabplatte von Nikolaus Selnecker (1523–1592).

Die Grabstätte Johann Sebastian Bachs im Chorraum der Thomaskirche (2000).

Das Wirken von **Johann Sebastian Bach** (1685–1750) als 17. Thomaskantor nach der Reformation hat dem ohnehin schon wichtigen Amt eine eigene Prägung und Verpflichtung für die Nachwelt gegeben. In 27 Jahren hat er nicht nur das musikalische Leben Leipzigs nachhaltig geprägt. Insbesondere entstand hier während der ersten Dienstjahre der wesentliche Teil seines Kantatenwerkes für die Sonn- und Festtage des Kirchenjahres, bedeutendste und zugleich zu großen Teilen weithin unbekannteste Gruppe seines hinterlassenen musikalischen Werkes. Hier entstanden das Magnifikat, die Passionen, das Weihnachtsoratorium, die h-Moll-Messe, aber auch die Kunst der Fuge, das Musikalische Opfer und bedeutsame Sammlungen von Werken für Tasteninstrumente. Seine täglichen Aufgaben können nur im Überblick beschrieben werden: Sie reichten von der Komposition und der aufführungspraktischen Vorbereitung der gottesdienstlichen Hauptmusik bis hin zu Aufsichtspflichten im Alumnat der Thomasschüler, von mancherlei Prüfungen – Instrumentalisten, Alumnenanwärter, Orgeln – bis hin zur liturgischen Vorbereitung der Gottesdienste, von musikalischen Proben mit den Thomasschülern und Instrumentalisten bis hin zu der Vorbereitung der Druckmanuskripte der „Texte zur Leipziger Kirchen Music" (10 Hefte pro Jahr), von der Begleitung des Chores zu Leichenbegängnissen bis zur Ausbildung der sogenannten Altaristen (liturgische

Abendmahlsgerät der Bachzeit vor dem Dreikönigsaltar (Mitte des 15. Jahrhunderts, später vermutlich als transportabler Altar zu Haustrauungen benutzt).

34
Felix Mendelssohn Bartholdy, von 1835 bis 1847 Gewandhauskapellmeister in Leipzig. Unter anderem führte sein Wirken zur Wiederentdeckung des großartigen Werkes Bachs im 19. Jahrhundert.

34
Superintendent Christian Leberecht Großmann (1783–1858).

Hilfen im Gottesdienst) in allen vier Stadtkirchen. Als Bach mit seiner Familie nach Leipzig kam, stand er im 39. Lebensjahr und war noch in Köthen, 18 Monate zuvor, eine zweite Ehe eingegangen, nachdem seine erste Frau Maria Barbara (1684–1720) plötzlich gestorben war. Aus erster Ehe lebten vier Kinder: Catharina Dorothea (14), Wilhelm Friedemann (12), Carl Philipp Emanuel (9) und Johann Gottfried Bernhard (8); drei andere waren gestorben. Zusammen mit seiner zweiten Frau Anna Magdalena (1701–1760) hatte er 13 weitere Kinder, von denen nur sechs erwachsen wurden, unter ihnen die Musiker Johann Christoph Friedrich (*1732) und Johann Christian (*1735). Bach wählte für sich und seine Familie den Thomaspastor Dr. Christian Weise (1671–1736) zum Beichtvater; an ihn wandte er sich in allen existentiellen Fragen des Lebens, zu ihm ging er zum Abendmahl. Nach dessen Tode waren es noch weitere drei Thomaspfarrer, die diese Aufgabe in der Familie erfüllten; zuletzt Archidiakonus Dr. Christoph Wolle (1700–1761), von dem er wenige Tage vor seinem Tode das Heilige Abendmahl zu Hause erhielt. Anna Magdalena lebte nach 1750 zusammen mit den Töchtern weiter in Leipzig. Hier starb sie 1760 als Almosenfrau, wie es zu dieser Zeit hieß. Ihre jüngste Tochter erhielt noch kurz vor ihrem Tode 1808 eine finanzielle Unterstützung, die ihr Ludwig van Beethoven in Verehrung ihres Vaters verschafft hatte. Heute erin-

nern die Chorempore, das Bachfenster, der Taufstein, wo 11 Kinder der zweiten Ehe getauft wurden, der Altar, das Löbeltsche Kruzifix (gegenüber der Kanzel) und das Bachgrab – Bach wurde zunächst auf dem Johannisfriedhof begraben, erst 1949 wurde sein Grab in die Thomaskirche verlagert – an Bachs unmittelbares Wirken in dieser Kirche.

Die bedeutende Wiederaufführung der Matthäuspassion Bachs 1829 durch **Felix Mendelssohn Bartholdy** (1809–1847) in der Berliner Singakademie führte zur Entdeckung des großartigen Werkes des Leipziger Meisters im 19. Jahrhundert. Mendelssohns Wirken in Leipzig, das mit dem von Robert Schumann (1810–1856) eng verflochten ist,

führte schließlich zur Gründung der Bach-Gesellschaft 1850 und zu der von dieser besorgten Herausgabe sämtlicher Werke im Druck. Unter Mendelssohns Leitung erklang 1841 die Matthäuspassion in der Thomaskirche erstmalig wieder, 1843 führte dieser hier ein Orgelkonzert zu Gunsten eines Bachdenkmals durch. Während dieser Zeit amtierte als Leipziger Superintendent **Christian Leberecht Großmann** (1783–1857) an der Thomaskirche, der nicht nur der Begründer des Gustav-Adolf-Werkes, eines Hilfswerkes für protestantische Kirchen in Minderheitensituation, wurde, sondern auch Mitinitiator der demokratischen Stadtverfassung Leipzigs war. Diese trat nach dem Vorbild der Steinschen Reformen be-

D. JOHANNES THEODOR OSKAR PANK
1884   1912

reits im Oktober 1831 in Kraft. Sie sah eine gewählte Stadtverordnetenversammlung vor und löste die spätmittelalterliche patrizisch-oligarchische Ordnung ab. Wie ein Kontrapunkt dazu wirkt die Orientierung des zweiten Nachfolgers von Großmann an der Thomaskirche, des Superintendenten **Oskar Pank** (1838–1928), dessen Bestreben stärker nach innen gerichtet war, auf die Neuorganisation von Kirche und Gemeinde in der ständig wachsenden Stadt.

Erinnert sei schließlich an zwei Persönlichkeiten im 20. Jahrhundert: an Superintendent **Heinrich Eduard Schumann** (1875–1964) und an Thomaspfarrer **Walther Georg Böhme** (1889–1957). Schumann begann seinen Leipziger Dienst als 4. Geist-

licher der Inneren Mission 1901 und war seit 1913 Pfarrer an der Thomaskirche. Dort trat er in schwerer Zeit, April 1936, das Amt des Superintendenten an. Familiär sehr getroffen – Tod eines Sohnes und seiner Frau, zwei Söhne und der Schwiegersohn fielen im Krieg –, setzte er nach dem Krieg seine ganze Kraft für die kirchliche und diakonische Reorganisation Leipzigs ein. Was er der amerikanischen Besatzung in zähem Ringen abgetrotzt hatte, z. B. die Wiedereröffnung der von den Nazis geschlossenen kirchlichen Kindergärten, das konnte die sowjetische Besatzung nicht mehr rückgängig machen. Aus seiner Feder liegt eine bislang ungedruckte detaillierte „Geschichte der Inneren Mission Leipzig" (1957)

35
Der letzte Türmer auf dem Thomaskirchtum.

36
Superintendent Oskar Pank (1838–1928).

37
Blick durch die zerstörte Burgstraße auf den Thomaskirchturm mit Behelfsdach, um 1945.

vor, deren Vorsitzender er noch bis ins hohe Alter war. Eine gewisse Zeit mit Schumann zusammen wirkte Thomaspfarrer Böhme. In einem selbstverfaßten Lebenslauf schreibt er: „Neben der umfangreichen pfarramtlichen und seelsorgerlichen Arbeit, die eine zerstreut liegende 14 000 Seelen umfassende Gemeinde mit sich bringt, habe ich mich besonders der männlichen Jugendarbeit gewidmet, und durfte ich mich auch längere Zeit in der Strafgefangenen-Fürsorge betätigen." Aus Bescheidenheit nicht genannt wird dabei sein Einsatz für judenchristliche Pfarrer und deren Familien während der Nazizeit, nicht

erwähnt sein schwerer Sturz mit Beckenbruch, den er erlitt, als er nach dem Angriff auf Leipzig im Dezember 1943 das gesamte Dachgebälk der Thomaskirche nach Brandbomben absuchte und dabei vom siebenten Boden auf das Gewölbe herunterfiel.
Sich des Reichtums zu erinnern, der durch das Wirken vieler Menschen in unserer Kirche und Gemeinde sich angesammelt hat, ist eine dankbare Aufforderung an uns Heutige. Spiegelt doch dieses Wirken sowohl den vorhandenen Glauben als auch Niederlagen und Schwächen wider, die bei allem Handeln von Menschen nahe beieinander liegen.

Die neue Bach-Orgel von Gerald Woehl.

Die Orgeln und Instrumente in der Thomaskirche

Bereits im Jahre 1384 existierte im romanischen Vorgängerbau der heutigen Thomaskirche eine Orgel, was durch die urkundliche Erwähnung einer Marienmesse mit „Orgelsang" bezeugt wird.

Die älteste Disposition einer Orgel in der Thomaskirche ist von dem Instrument bekannt, das Johann Lange aus Kamenz im Jahre 1601 fertigstellte. Die Orgel befand sich auf der Westempore und hatte ursprünglich 26 Stimmen auf drei Manualen und Pedal. Michael Praetorius hat die Disposition in seinem „Syntagma musicum" überliefert und dadurch den Klang dieses Instrumentes vorstellbar gemacht. Das Werk erklang, trotz mehrfacher Umbauten und Erweiterungen der Orgel, fast 300 Jahre lang in der Thomaskirche.

Als Johann Sebastian Bach 1723 das Amt des Thomaskantors antrat, war die Orgel also bereits 122 Jahre alt. Wenn er auf ihr spielte (was nicht belegt ist und auch nicht zu seinen Amtspflichten gehörte, aber als sicher gelten kann), stand ihm ein Instrument zur Verfügung, dessen Klang einer vergangenen Epoche angehörte. Wolfgang Amadeus Mozart spielte während seines Leipzig-Besuches 1789 auf dieser Orgel, und Felix Mendelssohn Bartholdy gab 1840 auf ihr ein Konzert, dessen finanziellen Ertrag er für das erste Bach-Denkmal verwendete. Im Jahre 1885 wurde die Orgel abgetragen.

Zwischen 1489 und 1740 gab es in der Thomaskirche eine zweite Orgel. Sie befand sich seit 1639 auf einer als „Schwalbennest" bezeichneten

Empore über dem Triumphbogen an der östlichen Abschlusswand der Halle und erklang an hohen Festtagen. Sehr wahrscheinlich wurde auf ihr zur Uraufführung der Bachschen Matthäuspassion am Karfreitag 1727 der Choral des Eingangschores gespielt.

Die Sauer-Orgel

Im Zusammenhang mit der neugotischen Umgestaltung der Thomaskirche beschloss der Kirchenvorstand 1885 den Einbau einer neuen Orgel auf der Westempore der Thomaskirche mit 60 Registern. 1886 wurde der Orgelbauer Wilhelm Sauer (1831–1916) aus Frankfurt/Oder mit dem Werk beauftragt. Sauer baute die Orgel mit Kegelladen und mechanischer Traktur. Auf Wunsch von Thomasorganist Carl Piutti lieferte er drei zusätzliche Register. Das Eichenholz-Gehäuse fertigte Tischlermeister Arnemann aus Leipzig. Am 5. April 1889 erfolgte die Abnahme der fertigen Orgel, die einschließlich des Gehäuses 34 000 Mark gekostet hat. Die Einweihung der erneuerten Thomaskirche und ihrer neuen Orgeln fand am Pfingstsonntag 1889 statt.

Bereits 10 Jahre später belegen die Orgelakten Klagen über die zu schwache klangliche Wirkung der Orgel bei voller Kirche. Sauer schlug deshalb eine stärkere Intonation vor. 1902 kam es zum Vertrag mit Sauer über den Umbau der Orgel. Dieser beinhaltete den Einbau der pneumatischen Traktur mit drei freien Kombinationen, den

Einbau eines Elektromotors, stärkere Intonation und eine geringfügige Änderung im Registerbestand. Das Werk hatte nun 65 Register.

Karl Straube trat sein Amt als neuer Thomasorganist im November 1902 an und entwickelte bald den Plan, die Orgel wesentlich zu vergrößern. In den Jahren 1907/08 baute Sauer insgesamt 23 neue Register, zusätzliche Windladen und einen neuen Spieltisch mit erweitertem Manualumfang. Der Prospekt wurde um 90 cm nach vorn versetzt. Der gesamte Umbau kostete 15 000 Mark.

Nach dem Tode Wilhelm Sauers im Jahre 1916 wurde Paul Walcker neuer Inhaber der Frankfurter Orgelbaufirma. Dieser lieferte 1917 neue Prospektpfeifen aus Zink, nachdem die originalen für Kriegszwecke beschlagnahmt worden waren. Der immer stärker werdende Einfluss der Orgelbewegung, deren Aktivitäten sich vor allem gegen romantische Instrumente richteten, hatte zur Folge, dass zwischen 1930 und 1960 insqesamt 16 Sauersche Register durch Neobarock-Stimmen ersetzt wurden, und so Sauers ausgewogenes klangliches Konzept gestört wurde. Es bestand in diesen Jahren sogar mehrfach die Gefahr eines Abrisses der gesamten Orgel.

Ullrich Böhme, Thomasorganist seit 1986, regte die Restaurierung der Sauer-Orgel mit dem Ziel an, das Werk wieder in den Zustand von 1908 zu bringen. Ein erster Schritt der Restaurierung erfolgte durch Christian

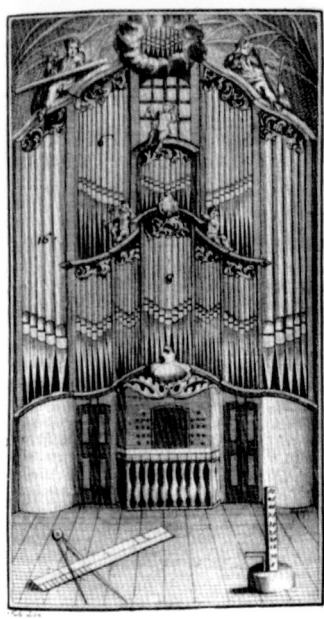

Scheibe-Orgel. Vorlage für den Prospekt der neuen Bachorgel.

42
Historische Instrumente aus der Bach-Zeit sind in der Südsakristei der Thomaskirche zu besichtigen.

Scheffler und Matthias Ullmann (Intonation). In den kommenden Jahren ist die vollständige Sanierung der Orgel geplant.

Die neue Bach-Orgel

Auf Initiative von Günther Ramin (Thomaskantor von 1940 bis 1956) und Hannes Kästner (Thomasorganist von 1951 bis 1984) wurde auf der Nordempore im Jahre 1967 eine zweite Orgel von Alexander Schuke (Potsdam) erbaut. Mit ihr wollte man – als Gegensatz zur romantischen Sauer-Orgel – ein klassisches Werk zur Darstellung der Musik Johann Sebastian Bachs und seiner Vorgänger schaffen. Im Jahr 1999 wurde die Schuke-Orgel an den St. Mariendom zu Fürstenwalde abgegeben,

nachdem sich der Kirchenvorstand auf Anregung von Thomasorganist Ullrich Böhme 1998 dazu entschlossen hatte, im Zusammenhang mit der Gesamtsanierung der Thomaskirche eine neue Bach-Orgel zu errichten. Den Auftrag dazu erhielt die Marburger Orgelwerkstatt Gerald Woehl. Die Orgel, die am Pfingstsonntag 2000 geweiht wurde, hat ihren Platz auf der Nordempore gegenüber dem Bach-Fenster. Das schlanke Gehäuse nimmt Bezug zur ehemaligen Orgel der 1968 gesprengten Leipziger Universitätskirche. Diese Orgel hatte Johann Sebastian Bach 1717 gespielt und begutachtet.
Die Disposition mit 61 Registern auf vier Manualen (Hauptwerk, Oberwerk, Brustwerk, Echo) und Pedal

geht auf einen Entwurf von Johann Christoph Bach, einen Onkel Johann Sebastians, zurück, den dieser für eine Orgel in der Eisenacher Georgenkirche erstellte. Johann Sebastian Bach hat als Kind das Entstehen dieser Orgel miterlebt. Sie muss ihn stark beeindruckt haben, denn in seinen späteren Orgelgutachten verlangte er immer wieder Klangfarben, die in der Eisenacher Orgel vorhanden waren. Das Eisenacher Werk existiert heute nicht mehr.

Der Klang der neuen Bach-Orgel orientiert sich auch durch die Bauform der Orgelpfeifen und in ihrer Intonation am mitteldeutschen Orgelbau des 18. Jahrhunderts und ist so in idealer Weise für die Darstellung der Orgelmusik Bachs geeignet.

Die historischen Instrumente

Die Thomaskirche besitzt eine umfangreiche Sammlung historischer Streichinstrumente, die für die kirchenmusikalischen Aufführungen verwendet werden. Das älteste Instrument ist ein Kontrabass aus dem 17. Jahrhundert. Aus dem Jahre 1729 – Bach war zu dieser Zeit Thomaskantor – stammen zwei Violinen und eine Bratsche, die von dem bedeutenden Leipziger Geigenbauer Johann Christian Hoffmann geschaffen wurden. Auch ein Violoncello (Mittenwalder Schule, Mitte des 18. Jahrhunderts) könnte noch unter Bachs Leitung erklungen sein. Ebenso sind zwei Pauken vorhanden. Seit Juli 2000 sind die Instrumente in der Südsakristei der Thomaskirche ausgestellt.

Der Thomanerchor und die Thomaskantoren

Seit bald 800 Jahren singt der Thomanerchor in der Thomaskirche zur Ehre Gottes und zur Freude unzähliger Menschen. Obwohl in diesen fast acht Jahrhunderten die Welt einschneidende Umwälzungen erfahren hat, ist diese Aufgabenstellung bis zum heutigen Tag gleich geblieben.

In familiärer Lebens- und Lerngemeinschaft singen im Chor derzeit etwa 100 Jungen im Alter von 10 bis 18 Jahren. Ein zumindest in Deutschland wohl einmaliges Erziehungsgefüge bestimmt das Leben im Alumnat. Jeweils 10 bis 12 Jungen aller Altersstufen wohnen in einer „Stube" zusammen. Ein Thomaner der 12. Klasse ist Stubenältester und trägt damit die Verantwortung für seine Stubenmitbe-

wohner. Die Thomasschule befand sich bis 1877 in direkter Nachbarschaft zur Thomaskirche – links vom Eingang des „Thomasshops", dort, wo heute das Nachfolgegebäude der alten Thomasschule steht. Bis 1944 hatte die Schule ihren Sitz in der Schreberstraße, heute sind Gymnasium und Alumnat in der parallel liegenden Hillerstraße zu finden.

Mit der Reformation übernahm der Rat der Stadt die Trägerschaft des Chores. Das Besondere daran ist, dass damit eine weltliche Institution einen beinahe ausschließlich geistlich wirkenden Chor finanziert. Da der Rat der Stadt sich einst dem Prinzip verpflichtete, als Thomaskantor immer einen bedeutenden Komponisten zu berufen, war

44
Thomaskirche, Stich von J. G. Krügner.

45
Das St. Thomas-Graduale, ein Mess-Gesangbuch für die Chorknaben der Thomasschule aus dem 13./14. Jahrhundert.

der Chor seit jeher ein Instrument zur Pflege zeitgenössischer Musik.

Ein Name jedoch scheint das Schicksal dieses Chores für alle Ewigkeit zu bestimmen: Johann Sebastian Bach. Er wirkt auch heute noch wie ein Schutzpatron für die Schola Thomana. Sein universelles Werk, das in faszinierender Weise irdische Vitalität mit tiefer Frömmigkeit verbindet und – von lutherischem Geist geprägt – gar die lateinische Messe zum Gipfelpunkt führt, bestimmt in besonderer Weise das Profil des Chores. So gehört die regelmäßige Aufführung der dem folgenden Sonntag zugeordneten Kantate in der Samstags-Motette zum festen Bestandteil des Wirkens des Thomanerchores.

Die Geschichte des Thomanerchores vor Bach

Der 20. März 1212 gilt als Gründungstag der Schola Thomana. Kaiser Otto IV. bestätigte an diesem Tag auf dem Frankfurter Reichstag die Gründung des Augustiner Chorherrenstiftes zu St. Thomas durch Markgraf Dietrich zu Meißen. Zum Stift gehörte eine Klosterschule, die geistlichen Nachwuchs heranbilden sollte, bald aber auch Knaben zugänglich wurde, die nicht im Stift wohnten. In den ersten Jahres des Chores sind unter einem uns unbekannten Kantor neben gregorianischen Chorälen, geistlichen Minneliedern und Sequenzen vermutlich auch Gesänge aus dem Thomas-Graduale zur Aufführung

gebracht worden, einem musikalisch außerordentlich reichen Codex, der noch bis zur Reformation genutzt wurde.

Über das Jahr 1409 wissen wir schon Genaueres: Am 2. Dezember fand im Refektorium des Thomasstiftes die Gründung der Universität Leipzig statt. Um 1435 ist uns der erste Thomaskantor namentlich bekannt: Johann Steffani de Orba.

Die Reformation brachte eine geistliche und organisatorische Neuorientierung mit sich, indem die bis dahin bestehende Klosterschule aufgelöst wurde, Schule und Chor in die Trägerschaft des Rates der Stadt übergingen. Es war die große Zeit der Vokalpolyphonie, die noch heute verbunden ist mit berühmten Musikernamen wie Josquin Desprez, Giovanni Pierluigi da Palestrina und Orlando di Lasso. Erst ab jetzt gehört es zu den Aufgaben des Thomaskantors zu komponieren: Mit Georg Rhau war im Jahre 1519 ein Mitstreiter Martin Luthers Thomaskantor geworden, der später als Buch- und Notendrucker Luther nach Wittenberg folgte. Immerhin unterstützte er Luther 1519 bei seiner Leipziger Disputation mit dem Ingolstädter Professor Johannes Eck mit einer eigenen 12-stimmigen Messe, die leider verschollen ist. Sein Nachfolger, Wolfgang Figulus (1549–1551), hat bemerkenswerte Motetten hinterlassen. Doch erst mit Sethus Calvisius (1594–1615) beginnt

*Thomaskantor Johann Sebastian Bach
(1685–1750). Gemälde von Elias Hausmann.*

47
*Unterschrift Johann Sebastian Bachs unter
einem Prüfungsbericht über Alumnenanwärter, 1729.*

die Reihe der uns zugänglichen
Kompositionen von Thomaskantoren
kontinuierlich zu werden. Calvisius,
nebenher auch geachteter Mathe-
matiker und Astronom, war Komponist großer, zum Teil mehrchöriger
Motetten.
Ihm folgte Johann Hermann Schein
(1616–1630). Er ließ sich von der
neuen Kunst des italienischen
Madrigals wie auch des neuen Stils
des generalbassbegleiteten Konzerts
beeinflussen. Sein Nachfolger Tobias
Michael (1631–1657) bekleidete das
Kantorenamt inmitten der Wirren des
Dreißigjährigen Krieges. Selbst diese
schwere Zeit, die auch in Leipzig zu
Hungersnöten und Pest führte, konnte
das Wirken der Thomaner nicht lahm-

legen. Der Dresdner Hofkapellmeister
Heinrich Schütz bescheinigt 1648,
dem Jahr des Westfälischen Friedens,
in der Vorrede der dem Thomanerchor
und dem Rat der Stadt Leipzig gewid-
meten Geistlichen Chormusik, dass
dieser „einer der vorzüglichsten Chöre
im Kurfürstentum Sachsen" sei.
In dieser Zeit entwickelten sich aus
der Oper heraus die Formen der Kantate und des Oratoriums. Spätestens
der auf den Kantor Sebastian Knüpfer
(1657–1676) folgende Johann Schelle
(1677–1701) wurde ganz direkt mit
dem Phänomen Oper konfrontiert,
als er nach der Gründung des ersten
Leipziger Opernhauses 1693 große
Mühe hatte, seine Schüler im Chor zu
halten.

Auch Johann Kuhnau (1701–1722) hatte damit zu kämpfen, brachte doch der junge Telemann diesen Stil in der Neuen Kirche sogar vollends in den Gottesdienst ein. Über Johann Sebastian Bach waren die Leipziger geteilter Meinung: Einerseits erschien ihnen seine Musik, als sei man in einer „Opera Comödie", andererseits sah man ihn als „alten Zopf" an, solange er nicht den leichtfüßigeren Tendenzen der Frühklassik folgte.

Johann Sebastian Bach als Thomaskantor

Eigentlich hätten die Leipziger gern den überall beliebten Georg Philipp Telemann als Thomaskantor gesehen, doch die Hamburger ließen ihn nicht gehen. So wurde der Köthener Kapellmeister Johann Sebastian Bach gewählt, dessen Musik auf seine Zeitgenossen ungleich konservativer gewirkt haben muss. Umso erstaunlicher ist das Visionäre seiner Musik, das trotz des immensen Drucks und der alltäglichen Widrigkeiten entstehen konnte. Bachs Aufgabenbereich war sehr umfassend: Ihm oblag die musikalische Ausgestaltung der Gottesdienste in vier Leipziger Kirchen sowie die Leitung der Kantaten im Gottesdienst, die wechselweise in der Thomaskirche und in der Nikolaikirche aufgeführt wurden. In der Neuen Kirche wurden häufig Motetten alter Meister gesungen, und zum Anstimmen der Choräle musste eine

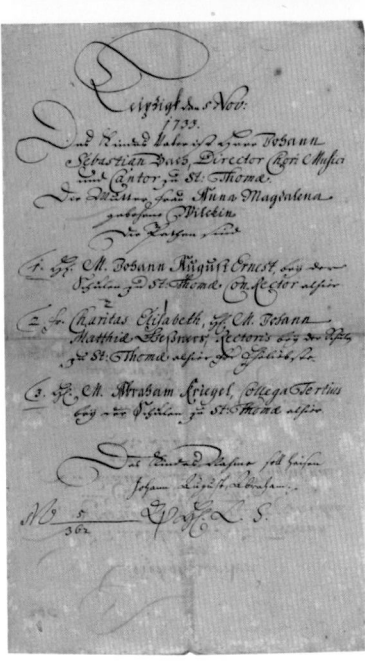

kleine Abordnung in die Peterskirche geschickt werden. Hinzu kamen Beerdigungen und Hochzeiten, die dem Kantor als Nebenverdienst hochwillkommen waren. Für städtische und universitäre Anlässe waren Musiken zu schreiben und aufzuführen – wie zur Ratswahl oder zu Geburtstagen hoher Persönlichkeiten. Über all diese Verpflichtungen hinaus sollte Bach an der Thomasschule noch Latein unterrichten; hier konnte er sich aber glücklicherweise vertreten lassen. Zur damaligen Zeit waren sowohl der Rektor als auch der Konrektor dem Thomaskantor gegenüber weisungsberechtigt.

In Ratsprotokollen kann man nachlesen, dass geringfügigste Vernachlässigungen zum Anlass genommen wurden, um Bach zu maßregeln. Andererseits unternahmen die Herren des Rates aber keine Anstrengungen, als Bach eine Eingabe zur Verbesserung der kirchenmusikalischen Verhältnisse an sie richtete, diese zu ändern. Wie zum Trotz entstanden hier Werke, die die Musikwelt veränderten: Johannes- und Matthäus-Passion, h-Moll-Messe, Kunst der Fuge – um nur einige zu nennen.

Die Thomaner können sich rühmen, die größten Chorwerke Bachs aus der Taufe gehoben zu haben.

48
Taufzettel des Johann August Abraham Bach,
getauft in der Thomaskirche am
5. November 1733.

49
Altes Bachdenkmal, gestiftet von Felix Men-
delssohn Bartholdy 1843. Das Denkmal ist
in der Promenadenanlage südwestlich der
Thomaskirche zu sehen.

Die Zeit nach Bach

Als Bach am 28. Juli 1750 starb, befand
sich die Kirchenmusik weithin in einer
gewissen Stagnation. Der Thomanerchor jedoch blieb auch in der Folgezeit
so etwas wie eine Oase. Nach Thomaskantor Gottlob Harrer (1750–1755)
setzte sich besonders Johann Friedrich
Doles (1756–1789) für die Musik Bachs
ein. Beim Besuch Mozarts in Leipzig
überraschte er ihn mit der Bach-Mo-
tette „Singet dem Herrn". Mit Johann
Adam Hiller (1789–1800), der 1796
erstmalig in Leipzig Mozarts Requiem
aufführte, stand ein ganz prägender
Musiker seiner Zeit vor dem Chor.
Sein Wechsel vom Gewandhauskapellmeister zum Thomaskantor zeigt uns,
welche Bedeutung dieses Amt auch in
jener Zeit hatte.

Am Beginn des 19. Jahrhunderts mussten Schule und Chor die Belagerung
der Stadt durch die Franzosen überste-
hen, die in der Völkerschlacht im Oktober 1813 ihr blutiges Ende fand. Die
nun folgenden Kantoren waren sich als
Komponisten und Interpreten in besonderer Weise der Verpflichtung bewusst,
die durch Zelter und Mendelssohn
initiierte Bach-Renaissance weiter-
zuführen: August Eberhard Müller
(1801–1810), Johann Gottfried Schicht
(1810–1823), der vorher 25 Jahre das
Gewandhausorchester geleitet hatte,
Christian Theodor Weinlig (1823–
1842), Kompositionslehrer Richard
Wagners, Moritz Hauptmann (1842–
1868), der von Mendelssohn vorge-
schlagen wurde und Mitbegründer der
Bach-Gesellschaft war, dessen Schüler

Ernst Friedrich Richter (1868–1879), Wilhelm Rust (1880–1892), Gustav Schreck (1893–1918).

Mit Karl Straube (1918–1939) kam ein Thomaskantor neuer Prägung in das Amt. Er vertrat den Grundsatz, in der Pflege des Bachschen Werkes sich so einbringen zu müssen, dass für das eigene Komponieren kein Raum mehr ist. Sein Schüler und Nachfolger Günther Ramin (1940–1956) stellte sein anfängliches kompositorisches Schaffen zugunsten seiner schöpferischen Interpretationsart zurück. In dieser Zeit war die Herrschaft der Nazis mit ihren Gleichschaltungsversuchen und die Zerstörung der Thomasschule am 4. Dezember 1943 eine harte Bewährungsprobe für den Chor.

Mit Kurt Thomas (1957–1960) wurde dann wieder ein Komponist Thomaskantor. Erhard Mauersberger (1961–1972) schuf besonders im Ruhestand Chorwerke, die er selbst als Reflektion der eigenen Interpretationsarbeit betrachtete. Unter Hans-Joachim Rotzsch (1972–1991), der selbst nicht komponierte, war wiederum die gesamte Breite von fast 800 Jahren Musikgeschichte in den Programmen der Motetten und Konzerte vertreten. Mit dem Dienstantritt von Thomaskantor Georg Christoph Biller im November 1992 wurden die Motetten liturgisch und kirchenmusikalisch profiliert, so dass in ihnen nicht nur das reiche musikalische Erbe gepflegt und regelmäßig Uraufführungen

neuer Kompositionen stattfinden,
sondern auch der Verkündigungs-
und gottesdienstliche Charakter der
Musik deutlich hervortritt.
Die Zukunft des Thomanerchores
wird abhängig sein von der Fähig-
keit, „dem Herrn" immer wieder „ein
neues Lied" zu singen, ohne dabei die
Orientierung an der eigenen Tradition zu verlieren. Das richtige Maß
an Sicherheit und Wachsamkeit gilt
es zu bewahren und zu entwickeln.
„Wir sind nichts Besonderes, aber wir
tun etwas Bedeutendes" – das ist das
Arbeitsmotto, dem sich der Thomanerchor verpflichtet weiß.

50
*Die Bürgerschule in der Hillerstraße,
erbaut 1878, 1945–1973 und ab 2000 Sitz der
Thomasschule.*

51
*Thomaskantor Karl Straube bei der Pro-
benarbeit im Musiksaal der Thomasschule,
1930.*

Feierliche Wiedereinweihung der restaurier-
ten Thomaskirche Pfingsten 2000.

Thomaskirche heute

Heute liegt das Gebäude der Thomaskirche zwar im Zentrum Leipzigs,
aber geographisch gesehen am Rande
der Kirchgemeinde St. Thomas.
Denn aufgrund der Zerstörung der
Matthäikirche (früher Neukirche) in
der Bombennacht vom 4. Dezember
1943 waren die Kirchgemeinden St.
Thomas und St. Matthäi 1948 zusam-
mengelegt worden. Im Jahr 2002 kam
es dann zur Gemeindevereinigung
der Kirchgemeinden St. Thomas-
Matthäi und Luther zur Ev.-Luth.
Kirchgemeinde St. Thomas Leipzig.
Derzeit gehören ca. 3 400 Menschen
der Kirchgemeinde an.
Welch dramatische Entwicklung die
evangelische Kirche in Leipzig genommen hat, erkennt man daran, dass
vor 1933 von ca. 700 000 Leipziger
und Leipzigerinnen 500 000 evange-
lisch waren. Im Jahr 2003 gehörten
von 500 000 Leipzigern noch knapp
60 000 der evangelischen Kirche an.
Die Christen sind eine Minderheit
in einer Stadt, die seit der bürger-
lichen Revolution 1848 – vor allem
beeinflusst durch die Arbeiterbewe-
gung, die Nazi-Herrschaft und den
SED-Staat – entchristianisiert und
säkularisiert wurde.
So steht die Kirchgemeinde vor der
großen Herausforderung, als Minderheit ihrem Verkündigungsauftrag,
ihrer großen Tradition und ihrer
gesellschaftspolitischen Verantwortung im Sinne des prophetischen
Wächteramtes gerecht zu werden.

Dabei ist die Konzentration auf das
wichtig, was die Kirche in einer athe-
istischen Gesellschaft wie der DDR
getragen hat: die Treue zur biblischen
Botschaft, die Kraft des Gebetes und
das Tun des Gerechten, der konziliare
Prozess für Gerechtigkeit, Frieden
und Bewahrung der Schöpfung und
eine besondere Sensibilität für andere
Minderheiten.
Nach dem Wegfall der äußeren
Bedrückung und der Behinderung
kirchlicher Arbeit durch den SED-
Staat sind die christlichen Gemein-
den insbesondere im großstädtischen
Bereich dem rauen Klima des Plu-
ralismus ausgesetzt. Das fordert die
Klarheit und Wahrheit der biblischen
Botschaft sowie beispielgebendes

und zeichenhaftes Handeln heraus.
Öffentliches Wirken ist nun Aufgabe
und Chance der Kirche.
Der Kirchgemeinde St. Thomas
stellen sich neben der traditionellen
Gemeindearbeit (Christenlehre, Konfirmandenunterricht, Junge Gemeinde, Besuchsdienst, Kreise für Erwachsene verschiedener Altersgruppen)
insbesondere folgende Aufgaben:
1) Pflege der kirchenmusikalischen
Tradition unter Einbeziehung der Kirchenmusik des 20. und 21. Jahrhunderts. Wer die Musik Johann Sebastian Bachs in ihrer gottesdienstlichen
Gebundenheit an dem Ort hören will,
an dem und für den sie entstanden
ist, und wer erleben will, welche seel-
sorgerische Kraft und Erbauung von

53

Die 1943 zerstörte Matthäikirche befand sich auf dem erhöhten Matthäikirchhof an der Ringpromenade. Nach dem letzten Gottesdienst 1948 wurde die Kirche ab- gerissen.

54

Die neogotische Lutherkirche in der Ferdinand-Lassalle-Straße.

55

Das Logo des Vereins „Thomaskirche–Bach 2000 e.V. – Internationaler Freundeskreis"

55

Kirchenmusik ausgehen kann, dem ist der Besuch eines Gottesdienstes, einer Motette oder eines Konzertes in der Thomaskirche nur zu empfehlen. 2) Sorgfältige Gestaltung der Gottes- dienste unter Wahrung des Reich- tums, den die gewachsene lutherische Liturgie beinhaltet. Damit will die Gemeinde den Menschen entgegen- kommen, die nach Trost, nach glaub- würdigen und authentischen Angebo- ten für Sinn stiftende Lebensziele und nach verbindlich gelebtem Glauben durch eine zeitgemäße und bibelori- entierte Verkündigung suchen. 3) Sozial-diakonische Initiativen, die sich aus der Innenstadt-Lage ergeben, sowie Ansprache und Angebote an Nichtchristen. Letzteres geschieht vor

allem in den Motetten und durch den Tauf- und Konfirmandenunterricht für Erwachsene.

In den vergangenen Jahren konnte die Thomaskirche umfassend restau- riert und instand gesetzt werden. Das war möglich, weil über den „Verein Thomaskirche – Bach 2000 – Interna- tionaler Freundeskreis" ein professi- onelles Marketing- und Sponsorkon- zept für die Thomaskirche entwickelt worden ist, von dem auch die kirch- gemeindliche Arbeit profitiert. So ist das Motto „Thomaskirche – Ort des Glaubens, des Geistes, der Musik" zum Leitbild für eine Kirchgemeinde geworden, die aus der Hoffnungskraft des Glaubens ihr Leben vielfältig gestaltet und ihre Verantwortung in

der Stadt Leipzig wahrnimmt. Darüber hinaus muss die Kirchgemeinde St. Thomas in den nächsten Jahren für die neugotische Lutherkirche ein Nutzungskonzept entwickeln. Dabei wird die Vision des „Forum Thomanum", eines internationalen Bildungszentrums mit Thomasschule, Alumnat des Thomanerchores, Kindergarten und Grundschule zur Nachwuchspflege für den Thomanerchor sowie einer international ausgerichteten musikalischen Jugendbegegnungsstätte, eine besondere Rolle spielen.

Solange die Thomaskirche Stätte gelebten Glaubens ist, in der der zweifelnde Thomas ebenso Platz hat wie der bekennende Petrus, der ah-

nungslose, nicht getaufte Jugendliche aus Leipzig-Connewitz ebenso wie die treue Besucherin der Bibelstunde, der Obdachlose ebenso wie der Sponsor kirchenmusikalischer Veranstaltungen, solange wird sie vor jeder musealen Verkrustung bewahrt bleiben und das sein können, wonach viele Menschen sich sehnen: ein Raum voll Geist und Leben mitten in der Stadt, gebraucht von Menschen, die nach Trost und Wegweisung suchen.

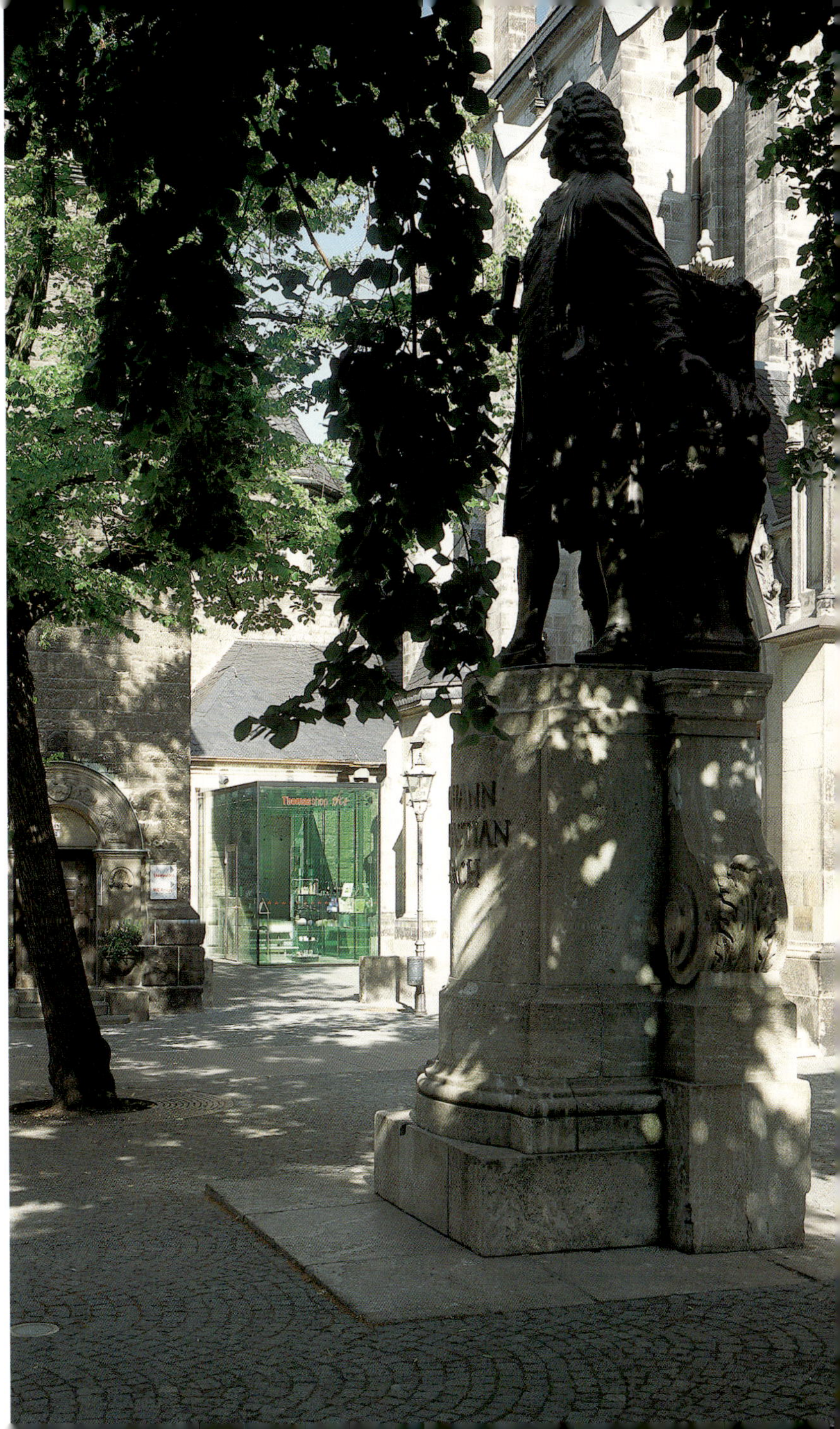

Interessante Ereignisse und Daten

2. 12. 1409	Gründung der Universität Leipzig im Thomaskloster
14. 9. 1477	Älteste Glocke „Gloriosa" gegossen
1482–1496	Neubau des Kirchenschiffs als spätgotische Hallenkiche
24. 6. 1519	Gottesdienst zu Beginn der Leipziger Disputation zwischen Martin Luther und Johann Eck
25. 5. 1539	Einführung der Reformation in Leipzig durch Martin Luther
1541	Auflösung des Klosters und Abbruch der Gebäude
1723–1750	Johann Sebastian Bach Thomaskantor in Leipzig
1732	Umbau der Thomasschule
12. 5. 1789	Mozart spielt auf der Orgel der Thomaskirche
1806	Nutzung der Thomaskirche als Munitionslager durch napoleonische Truppen
1813/1814	Während der sog. Völkerschlacht ist die Thomaskirche Lazarett
4. 4. 1841	Aufführung von Bachs Matthäuspassion durch Felix Mendelssohn Bartholdy
16. 9. 1842	Gründung des „Gustav Adolf Werk" (GAW)
23. 4. 1843	Einweihung des durch die Initiative von Felix Mendelssohn Bartholdy errichteten Bach-Denkmals

26.11.1848   Gedenken für Robert Blum in der Thomaskirche
1884–1889   Neugotische Umgestaltung der Thomaskirche mit Bau der
Sauer-Orgel
1902   Abbruch der alten Thomasschule
1904   Bau der Superintendentur anstelle der Thomasschule
1908   Einweihung des Bachdenkmals von Carl Seffner
1917   Der letzte Türmer verlässt die Wohnung auf dem Thomasturm
4.12.1943   Schäden am Turm durch Brandbomben
1950   Bach-Grab in der Thomaskirche
1961–1964   Innenrenovation der Thomaskirche
1966/1967   Bau der Schuke-Orgel (Ausbau 1999)
1991   Beginn der umfassenden Restaurierung und Instandsetzung
der Thomaskirche
1993   Weihe des Paulineraltars
4.11.1997   Memorialfenster für Felix Mendelssohn Bartholdy
21.5.2000   Thomas-Fenster im Chorraum
11.6.2000   Einweihung der restaurierten Thomaskirche und Weihe der
neuen Bach-Orgel
28.7.2000   Feierlichkeiten zum 250. Todestag von J. S. Bach

Bildnachweis

Stadtgeschichtliches Museum Leipzig:
Abb. 1 (Foto: Punctum), 4 (Foto:
Hans-Dieter Kluge), 5, 6, 37, 46 (Foto:
Christoph Sandig – Artothek), 48, 53

Helga Schulze-Brinkop, Leipzig:
Abb. 35

Bach-Archiv Leipzig: Abb. 44

Amadeus Verlag Winterthur/Schweiz:
Abb. 41

Stadtarchiv Leipzig: Abb. 47

Punctum Fotografie, Leipzig:
Coverfoto, Abb. 1 (Stadtgeschichtliches Museum Leipzig), 7, 9, 15,
16-18, 22 (Gustav– Adolf–Fenster), 23
(Luther–Fenster), 25, 27, 29, 30, 34,
36, 52, 57

Universitätsbibliothek Leipzig
Abb. 49

fotografie – gertmothes, Leipzig:
Abb. 8 (S. 11 und Cover-Rückseite),
11, 20, 21, 22 (Thomas–Fenster), 23
(Bach–Fenster, Mendelssohn–Fenster,
Kaiser–Wilhelm–Fenster), 24, 26, 31,
38, 40, 42, 43, 49, 50, 54